Борис Пыринов
Артем Иванов
Николай Козьмин

Стеклопластик в пролетном строении автодорожного моста

Борис Пыринов
Артем Иванов
Николай Козьмин

Стеклопластик в пролетном строении автодорожного моста

Сборник статей

LAP LAMBERT Academic Publishing

Impressum / Выходные данные

Bibliografische Information der Deutschen Nationalbibliothek: Die Deutsche Nationalbibliothek verzeichnet diese Publikation in der Deutschen Nationalbibliografie; detaillierte bibliografische Daten sind im Internet über http://dnb.d-nb.de abrufbar.

Библиографическая информация, изданная Немецкой Национальной Библиотекой. Немецкая Национальная Библиотека включает данную публикацию в Немецкий Книжный Каталог; с подробными библиографическими данными можно ознакомиться в Интернете по адресу http://dnb.d-nb.de.

Coverbild / Изображение на обложке предоставлено: www.ingimage.com

Verlag / Издатель:
LAP LAMBERT Academic Publishing
ist ein Imprint der / является торговой маркой
OmniScriptum GmbH & Co. KG
Heinrich-Böcking-Str. 6-8, 66121 Saarbrücken, Deutschland / Германия
Email / электронная почта: info@lap-publishing.com

Herstellung: siehe letzte Seite /
Напечатано: см. последнюю страницу
ISBN: 978-3-659-61814-7

1

Содержание:

Б.В. Пыринов, к.т.н., начальник отдела перспективных разработок ГКУ «Территориальное управление автомобильных дорог Новосибирской области»

Первый автодорожный мост с фермами из стеклопластика и железобетонной плитой проезжей части.

1. Свойства материала и особенности конструкций первых композитных пролетных строений мостов

В России, вслед за многими другими странами, в начале нулевых годов появились первые мосты из стеклопластика. Этот полимерный композиционный строительный материал, привлекателен своим малым весом. Имея прочность одного порядка с металлом, он легче его более, чем в четыре раза. Следовательно, могут быть созданы легкие конструкции пролетных строений мостов, удобные для доставки в труднодоступные районы страны, не требующие тяжелого транспортного и монтажного оборудования, облегчающие конструкции опор и их оснований. Эти конструкции будут, кроме того, стойкими ко всем видам атмосферных воздействий и к влиянию агрессивных вод, что уменьшит расходы на поддержку исправного состояния сооружений при их эксплуатации.

Но есть и отрицательные свойства этого материала. Стеклопластик, изготовленный по распространенной пултрузионной технологии, состоит из стекловолоконной арматуры, которая располагается вдоль элементов, и полимерного заполнения (матрицы). Соответственно, он имеет хорошую продольную прочность но, в несколько раз меньшую - в направлении поперек армирующих волокон. Другой, очень важный недостаток – невысокий модуль упругости даже в продольном направлении (в 7 раз меньше, чем у стали), не говоря уже о поперечном направлении. Именно малая величина модуля упругости влечет за собой повышенную деформативность конструкций и чрезмерные прогибы. Наконец, не велика прочность стеклопластика по скалыванию в узловых соединениях и по сдвигу. Одним словом – это анизотропный материал, и его свойства накладывают отпечаток на конструктивные решения и все виды расчетов. Проблемы эти могут решаться по-разному.

Пионером применения стеклопластика в строительном деле в России является НПП АпАТэК (Дубна), связанное с космическими технологиями. Первыми сооружениями, которые запроектировали и построили специалисты этого НПП, были пешеходные путепроводы /1/. Ими разработан хорошо продуманный стандарт организации /2/, в котором содержатся физико-механические свойства материала, а также вопросы расчета, конструирования и производства, приводится сортамент выпускаемых на предприятии изделий, проработаны правила проектирования узловых соединений на обычных болтах. Проблема прогибов, величина которых допускается по нормам не более 1/400 от длины пролета /3/, решена применением в качестве несущих конструкций обычных ферм с раскосной решеткой и параллельными поясами. В одном из первых пешеходных переходов через железную дорогу применены фермы с расположением пешеходной дорожки по верху (рисунок 1). Пользоваться таким мостом лицам пожилого возраста затруднительно: высота, на которую надо подняться, чтобы перейти через железную дорогу, превышает 8 метров. В последующих сооружениях применялись фермы с ходьбой по низу, в которых часть несущих конструкций расположены над пешеходами с запасом для обеспечения необходимого габарита высоты (рисунок 2). Другая сложность – значительные напряжения всех видов и направлений в узловых соединениях решалась применением металлических фасонок (видны на снимках).

Многие технические решения специалистов АпАТэК приняты по образцу металлических мостов. Так, фермы пролетных строений собираются из линейных элементов (поясов, раскосов, подвесок), в которых заранее

Рисунок 1 – Цельнокомпозитный мост с ходьбой по верху

Рисунок 2 – Цельнокомпозитный мост с ходьбой по низу

просверлены все отверстия для соединения их в узлах. Но, чтобы отверстия сходились при сборке, их делают на 1 мм больше диаметра болта. В результате соединения получаются неплотными и имеют значительную деформативность, увеличивая прогибы конструкции, и так значительные из-за низкого модуля упругости материала.

К проектированию автодорожных мостов из стеклопластика специалисты АпАТэК подходят осторожно. Деформативность данного материала требует для автодорожных мостов применения ферм с ездой, как правило, по низу. Но при любом дорожно-транспортном происшествии, если произойдет удар по одному из элементов композитной фермы, обрушение такого моста гарантировано. По этой причине в свое время были прекращены работы по созданию железобетонных ферм с ездой по низу. Только металл может устоять при дорожных авариях. В автодорожных мостах из других материалов следует предусматривать езду по верху. А проблему прогибов композитных пролетных строений без чрезмерного увеличения их строительной высоты необходимо решать иными средствами.

2. Поиск конструкции, адекватной свойствам волоконно армированного стеклопластика

Весь предшествующий опыт мостостроения говорит о том, что каждый материал «любит» свои статические схемы и свои конструктивные решения. Стеклопластик, как строительный материал, по своим механическим свойствам перекликается с древесиной: хорошо работает вдоль и плохо поперек, имеет малую прочность по скалыванию и смятию, особенно в узлах, аналогичен древесине и по соотношению модулей упругости. Но деревянные мосты имеют многовековую историю и для них отработаны многие решения, привлекательные как в статическом, так и в конструктивном и даже в архитектурном отношениях. Интересную схему деревянных ферм предложил еще в 1820 году американский инженер Таун. Это многораскосные фермы с параллельными поясами и крестовой решеткой /4/. Пример такой фермы показан на рисунке 3. Конструкция монтируется из досок и брусьев, узловые соединения делаются на болтах. Фермы Тауна применялись в свое время даже в железнодорожных мостах до пролетов 76 м. Разновидностью этих ферм являются дощато-гвоздевые фермы, строившиеся в разных странах, включая Россию, до 60-х годов прошлого века.

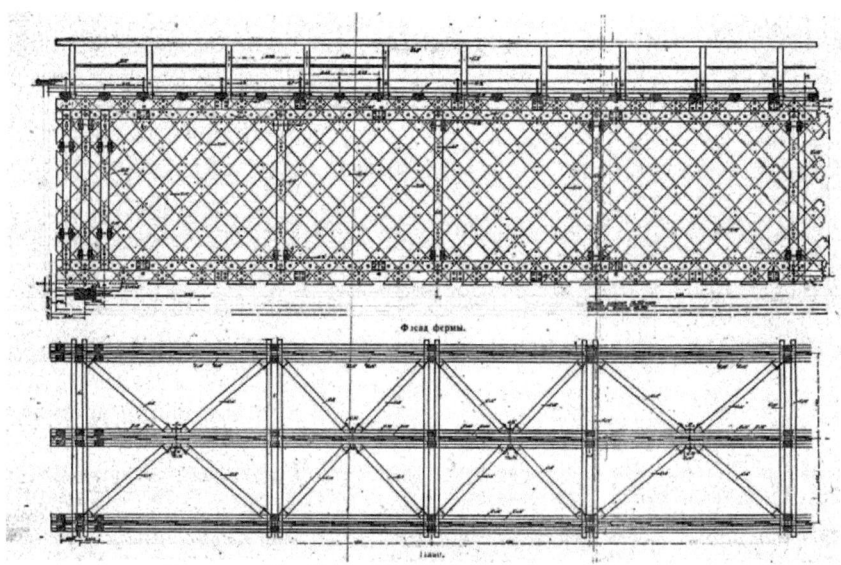

Рисунок 3 – Деревянное пролетное строение
с многораскосными фермами Тауна

В Сибири первая попытка запроектировать пролетное строение из стеклопластика была предпринята в 2011 году мостостроительной фирмой ООО «Опора». Сразу было решено найти вариант, пригодный для автодорожных и для пешеходных мостов. То есть уровень движения должен быть по верху, а высота конструкций – не больше высоты типовых железобетонных балок. В результате родилась гибридная конструкция, комбинированная по материалу, с многораскосными фермами из стеклопластика и железобетонной плитой сверху (рисунок 4). Это решение зарегистрировано как изобретение №2464374 «Пролетное строение моста с многораскосными главными фермами» с приоритетом от 29.04.2011 (Автор – Б.В.Пыринов, патентообладатель – ООО «Опора»). Для проверки реальных возможностей этой конструкции руководителем организации было принято решение в инициативном порядке запроектировать, построить и испытать опытный пролет. Здесь следует отметить, что если в деревянных фермах Тауна в качестве элементов использовались только доски и брусья, то в стеклопластике есть возможность применять уголки и иные профили.

Рисунок 4 – Опытное пролетное строение

3. Строительство и испытание опытного пролета

Опытный пролет (рисунок 4) запроектирован под пешеходную нагрузку в соответствии со СНиП 2.05.03-84* /3/ и СТО 39790001.03-2007 /2/. Длина пролета – 9,075 м. Ширина пешеходной дорожки – 1,5 м. Высота композитной фермы – 1,02 м, толщина плиты – 0,12 м. Расстояние между осями ферм – 0,85 м. Материал фермы – стеклопластик СППС-240. Раскосы, стойки и нижние пояса выполнены из полосовых деталей, верхние пояса – из уголков. Класс бетона – В25. Плита вовлекается в совместную работу с верхними поясами с помощью уголковых металлических упоров. Соединения элементов в узлах ферм и связей, а также прикрепления упоров реализованы на чистых болтах диаметра 12 мм. Изготовление пролетного строения и испытания выполнены в лаборатории «Мосты» СГУПСа совместными усилиями двух организаций.

Применение железобетонной плиты позволило существенно повлиять на прогибы ферм. Несмотря на то, что модуль упругости бетона не намного выше, чем у стеклопластика, доля плиты в повышении грузоподъемности и уменьшения прогибов оказалась значительной из-за большой площади ее поперечного сечения – на порядок больше, чем у всех композитных элементов.

Другая особенность пролетного строения – многораскосность – позволила снизить продольные и поперечные силы и изгибающие моменты в узлах, дающие свои слагаемые в напряжениях смятия под болтами и скалывания на концах элементов. Удалось запроектировать узлы вообще без фасонок, с прямым прикреплением элементов друг к другу. Характерно и то, что одна и та же группа болтов в любом узле прикрепляет к поясам сразу два раскоса – восходящий и нисходящий, или даже четыре элемента, если в этом узле поставлена стойка, состоящая из двух уголков. С раскоса на раскос усилия передаются напрямую, а узловая прибавка усилий в поясах оказывается небольшой и нарастает от узла к узлу плавно. Перенапряжений в соединениях при этом нигде нет – работают разные площадки смятия и скалывания.

Третья особенность конструкции касается технологии ее сборки, которая тоже взята по образцу давних решений. Фермы монтируются в горизонтальном положении. На монтажном столе аккуратно раскладываются в проектное положение все элементы и скрепляются в отдельных местах шурупами или струбцинами. В этом положении одно за другим делаются отверстия сверлом, диаметр которого всего на 0,1мм больше диаметра болта. Но болты вставляются в отверстия сразу, как только очередное из них готово. Соблюдается также не писаный принцип: «не пускать резьбу в пластик», то есть в пластике должна быть гладкая часть болта. В результате получается очень плотное соединение, не дающее добавочных прогибов конструкции и концентраторов напряжений в зоне резьбы. Уменьшению прогибов способствует и прямое прикрепление элементов друг к другу, позволяющее сократить число болтов в узле. Фермы связей делались аналогично и объединялись с главными фермами уже в вертикальном положении. В этом же положении монтировались упоры, после чего устанавливалась опалубка и укладывался бетон.

Проведено три серии испытаний с разными деталями узловых соединений: чистыми болтами диаметра 12 мм, высокопрочными болтами диаметра 10 мм и шурупами-саморезами диаметра 6,3 мм. Перед второй серией испытаний обычные два болта из четырех в каждом узле обеих ферм были поштучно заменены на высокопрочные, а затем убраны лишние чистые болты. Болты прикрепления упоров остались прежними. А перед третьими испытаниями в узлах главных ферм, мимо существующих отверстий, поставлено расчетное количество шурупов, после чего убраны высокопрочные болты. В каждой серии испытаний измерялись прогибы главных ферм, напряжения в ряде элементов главных ферм и в трех сечениях железобетонной плиты, определялись параметры вертикальных и горизонтальных колебаний. Вид пролетного строения под нагрузкой показан на рисунке 5. Нагрузка прикладывалась и снималась ступенями до достижения расчетной величины. Проведено также испытание на длительное действие расчетной нагрузки в течение нескольких месяцев. Не останавливаясь подробно на числовой оценке результатов, так как они опубликованы /5, 6/, можно сказать, что при всех трех видах соединений пролетное строение работало удовлетворительно с конструктивным коэффициентом по напряжениям 0,85 – 0,95, а по прогибам –

0,7. Это означает наличие заметных конструктивных запасов грузоподъемности. Но значительное снижение замеренных прогибов против расчетных объясняется требованием СТО /3/ вводить к нормативному значению модуля упругости, равному 28000 МПа, коэффициент надежности 1,37, что и делалось во всех видах расчетов. По-видимому, с применением более плотных узловых соединений, этот коэффициент следует уточнить.

Рисунок 5 – Испытание опытного пролетного строения

4. Проектирование пролетного строения автодорожного моста

Успешное испытание опытного пролетного строения позволило приступить к проектированию реального автодорожного моста с пролетными строениями данной конструкции. При содействии областной администрации в качестве первого объекта был подобран аварийный мост через реку Пашенку на местной автодороге Красный Яр – Сосновка вблизи Новосибирска. Размеры пролетного строения требовались достаточно скромные – длина 18 м, габарит проезжей части – 4,5 м, с двумя тротуарами по 0,75 м. В качестве расчетных нагрузок приняты А14 и Н14. Материал главных ферм и связей – стеклопластик марки СППС-240, бетон плиты – класса В30. Узловые соединения – на чистых болтах диаметра 12 мм, из стали Ст3. Упоры, вовлекающие железобетонную плиту в работу главных ферм, приняты анкерно-стержневые. Схематический чертеж пролетного строения показан на рисунке 6. Связи крестового типа поставлены во всех местах расположения стоек главных ферм. Предусмотрено полимерное износостойкое покрытие проезжей части по ГОСТ Р 53627-2009 /7/. Нормы проектирования – СНиП 2.05.03-84* и СТО /2/.

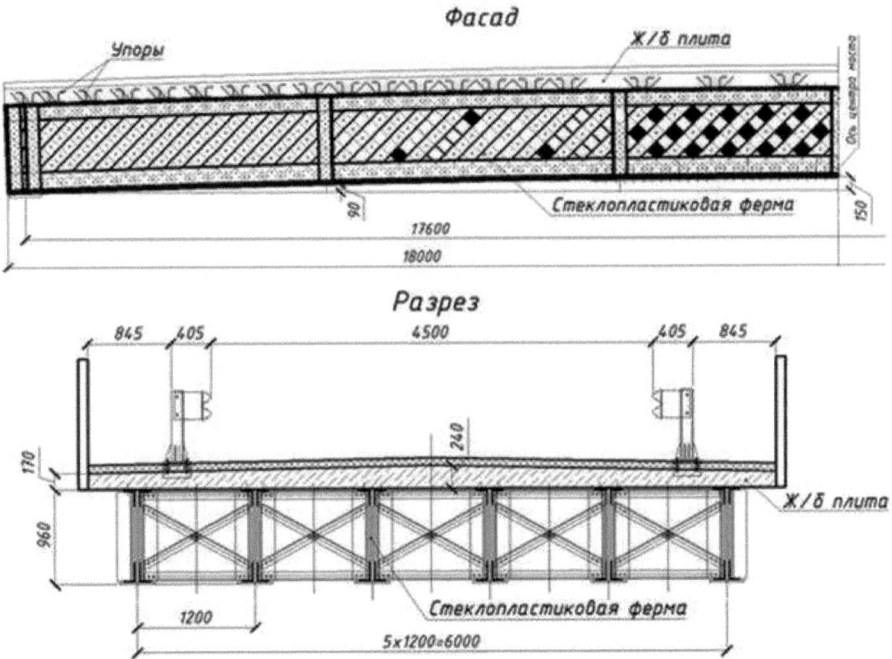

Рисунок 6 – Схематический чертеж автодорожного пролетного строения

Чтобы реально воспользоваться малым весом ферм из стеклопластика на этапе перевозки их от места сборки к объекту и при установке на постоянные опоры, бетонирование плиты предусмотрено в пролете. Это потребовало учесть в расчетах стадийность приложения нагрузок. На первой стадии фермы пролетного строения должны работать на восприятие собственного веса и веса железобетонной плиты. На второй стадии, после набора железобетоном достаточной прочности, фермы совместно с плитой, включенной в их работу, будут воспринимать остальные постоянные нагрузки – от веса покрытия, устройств безопасности и временные нагрузки.

Расчет выполнен тремя исполнителями по разным методикам. Сразу было принято, что пояса ферм должны иметь постоянное поперечное сечение по длине ферм, составленное из двух уголков, с усилением нижнего пояса горизонтальным листом, и с возможным стыкованием поясов около середины пролета. Раскосы должны быть одинакового прямоугольного сечения, а стойки – уголковыми для прикрепления к ним связей, с возможным учетом прокладок прямоугольного сечения под ними.

Вначале расчеты произведены по традиционным алгоритмам, без существенного применения компьютерных средств. Максимальная нагрузка, приходящаяся на ферму, определена по коэффициенту поперечной установки. Усилия в поясах ферм на первой стадии работы моста найдены путем деления на расчетную высоту фермы того изгибающего момента, который на нее действует. А в раскосах усилия вычислены через поперечную силу, действующую в данном сечении, в предположении, что все пересекаемые раскосы обоих направлений воспринимают ее поровну. Именно эта методика и применялась в старину для расчета деревянных ферм. Но для второй стадии, когда в работу фермы включится железобетонная плита, применена методика расчета сталежелезобетонных ферм, закрепленная в СНиП 2.05.03-84*, Согласно этой методике, определены геометрические характеристики приведенного сечения фермы, как изгибаемого элемента. В состав сечения в данном случае вошли пояса главных ферм и плита, причем размеры плиты учтены с коэффициентом приведения бетона к стеклопластику по соотношению модулей упругости того и другого материала. Такой подход позволил определить фибровые напряжения в поясах и, через них, - продольные усилия и изгибающие моменты, необходимые для проверок сечений, ослабленных отверстиями. Усилия в раскосах от нагрузок второй стадии определены тем же приемом, что и на первой стадии. Для проверки сечений определены суммарные усилия, действующие на обеих стадиях. Упоры железобетонной плиты работают только на второй стадии. Усилия, действующие на них, определены через поперечные силы, действующие в местах их расположения, с использованием геометрических характеристик приведенного сечения. На основании расчетов, выполненных описанным способом, удалось задать размеры сечений всех элементов, спроектировать упоры и их расстановку, то есть выполнить работу, необходимую для создания удовлетворительной компьютерной модели, не требующей значительной переделки ее при пересчетах конструкции. Для специалистов очевидно, что описанная методика дает запасы прочности, так как не учитывается восприятие поперечных сил плитой и поясами, изгибающих моментов раскосами и т.п.

Далее был произведен полный двухстадийный расчет в программном комплексе *MIDAS/Civil*, на двух компьютерных моделях, в которых пояса, раскосы, стойки, связи изображались линейными элементами, а плита (во второй стадии) – объемными. Многоболтовые узлы прикрепления раскосов к поясам приняты жесткими, а одноболтовые узлы в местах их пересечений – шарнирными. Упоры железобетонной плиты смоделированы жесткими элементами. Проверено воздействие нагрузки А14 совместно с пешеходной, затем - нагрузки А14, стоящей около барьера при отсутствии пешеходов и, наконец, нагрузки Н14. Для всех элементов и соединений опасной оказалась нагрузка H14. От нее определены по три узловых расчетных усилия, от которых зависит давление смятия пластика вдоль и поперек волокон: продольная и поперечная силы и изгибающие моменты. Эти три усилия для каждого узла найдены в трех вариантах, когда одно из них является экстремальным, а два других ему соответствуют, то есть возникают при том же положении временной нагрузки, что и первое. Каждое экстремальное усилие программный комплекс определял при самом невыгодном положении временной нагрузки по длине пролета. Полное расчетное усилие от временной нагрузки и от постоянных нагрузок обеих стадий вычислялось отдельно, при этом коэффициенты надежности к постоянным нагрузкам принимались больше или меньше единицы для получения наиболее опасного главного усилия. Полученные усилия позволили проверить сечения нетто элементов и рассчитать число болтов во всех соединениях. Усилия, действующие на упоры, и их расстановка определились по разностям усилий в верхнем поясе в местах их расположения и проверены по разностям усилий в железобетонной плите.

Интересно отметить, что прогибы на разных стадиях работы пролетного строения, вычисленные по разным методикам, оказались практически одинаковыми. По результатам этих расчетов назначен строительный подъем ферм в размере 15 см. Продольные усилия в элементах также оказались сопоставимыми. Но вот узловые усилия (изгибающие моменты, продольные и поперечные силы в разных опасных сочетаниях) удалось определить только компьютерным расчетом. Это позволило так рассчитать число болтов в прикреплениях, чтобы не было превышено давление пластика ни на один болт в продольном и поперечном направлениях, а также при совместном действии соответствующих напряжений.

Величины давления на упоры железобетонной плиты, рассчитанные по двум методикам, различались на величину до 15%, в компьютерном расчете часть из них оказались больше и были приняты к дальнейшему проектированию.

Наконец, третий расчет предпринят для анализа местных напряжений в зонах узловых соединений элементов. Усилия в деталях узла (в каждом по три компонента) были приняты по результатам предыдущего расчета, а сами детали (раскосы, пояса, стойки) моделировались плоскими конечными элементами с мелким разбиением. Все результаты данного расчета оказались благоприятными.

5. Сборка отдельных ферм и монтаж пролетного строения

Сборка ферм происходила в горизонтальном положении на специальном монтажном столе (рисунок 7), который состоял из нескольких бетонных блоков, уложенных поперек фермы и выверенных по высоте.

Рисунок 7 – Сборка фермы на монтажном столе

Блоки эти были размещены по длине пролета так, чтобы при сборке на них не легли стойки пролетного строения, узлы которых в местах прикрепления к поясам должны быть доступными снизу. На всех блоках были установлены по два металлических упора, расположенные по обе стороны фермы, для создания строительного подъема (рисунок 8). Они имели по два регулировочных винта, которыми создавался выгиб отдельно каждому уголку пояса.

Первыми на сборку поступали нижние (при сборке) уголки обоих поясов, заранее состыкованные из двух девятиметровых частей, с прикрепленными к ним листовыми элементами поясов (включая стыковые накладки – см. рисунки 7, 8). Уголкам задавался выгиб, равный проектной величине строительного подъема 15 см. Далее к уголкам прикрепляли снизу нижние детали стоек, выше которых укладывали послойно раскосы двух направлений и прокладки между ними, заполняющие зазоры в поясах. Затем монтировались верхние уголки поясов с созданием проектного выгиба и верхние детали стоек.

Рисунок 8 – Упоры монтажного стола

Значительная кривизна обоих поясов создала некоторые трудности при разметке положения узлов. Пришлось учесть разницу радиусов кривизны и заметные силовые продольные деформации поясов при их длине 18,0м, измеряемые сантиметрами. Разница шага раскосов в поясах составляла 1 мм. После восприятия всех постоянных нагрузок, при вертикальном положении ферм, пояса должны стать почти прямыми и будут иметь проектную длину. Неточность длины поясов не должна повлиять на величину зазора в деформационных швах и на положение опорных частей.

Обилие близко расположенных узлов могло привести к путанице при установке раскосов: рабочие могли соединить друг с другом не те узлы, какие нужно. Избежать этого удалось с помощью шаблонов, прикладываемых в узле одного пояса и направлявших сразу два раскоса к нужным узлам противоположного пояса.

При раскладке элементов фермы, чтобы избежать их сдвижки, они временно скреплялись струбцинами, а при небольшой общей толщине соединяемых деталей – шурупами-саморезами со сверловым наконечником. Шурупы ставились в тех точках, где затем будут расположены капитальные болтовые отверстия. В отдельных местах, после тщательной проверки, сразу делались постоянные соединения. Это – в прикреплениях листовых деталей к поясам (рисунок 8) и в узлах решетки.

Разметка положения болтовых отверстий в узлах поясов производилась после укладки верхних деталей поясов и стоек и тщательной проверки геометрии фермы. Рисунок расположения отверстий во всех узлах, присоединяющих раскосы, был одинаков, отличие было только в узлах стоек. Для разметки были изготовлены два шаблона с отверстиями для кернения. Все болты ставились сразу после сверления очередного отверстия и снабжались гайками. Проверка плотности затяжки болтов делалась уже после подъемки фермы в вертикальное положение.

Перед подъемкой первой готовой фермы были опасения, что из-за ее малой жесткости в поперечном направлении появятся большие напряжения в поясах и чрезмерные прогибы. Расчеты показали, что при подъемке за две точки, расположенные в четвертях пролета, прогибы действительно достигнут 4-5 см, а напряжения не превысят расчетных сопротивлений. Решено было поднимать фермы через траверсу за три точки (рисунок 9). К балкам были

Рисунок 9 - Подъемка фермы из горизонтального положения

прикреплены специальные строповочные узлы. После подъемки строительный подъем фермы за счет действия их собственного веса уменьшился на 10-12 мм.

Далее две готовые фермы объединялись поперечными связями в один монтажный элемент весом около 6,0тонн, который перевозили к месту строительства на трейлере (рисунок 10). Процесс установки столь легковесных монтажных блоков на мост не представил никаких сложностей (рисунок 11).

В пролете монтажные блоки соединялись недостающими поперечными связями, к ним прикреплялись упоры, монтировалась опалубка (рисунок 12).

Рисунок 10 – Погрузка монтажного блока на трейлер

Рисунок 11 – Установка монтажного блока в пролет

Рисунок 12 – Расстановка упоров, устройство опалубки

Рисунок 13 – Устройство железобетонной плиты

Бетонирование проведено захватками длиной по 3,6м на всю ширину моста: вначале были забетонированы два крайних и один средний участки (рисунок 13), затем – два оставшихся.

Бетонирование захватками при тщательной укладке и последующем уходе за бетоном позволили избежать появления усадочных трещин и получить отличную, ровную поверхность, почти не потребовавшую выравнивания.

Чувствительность прогибов композитных ферм ко всем существенным нагрузкам заставили контролировать строительный подъем ферм на всех этапах строительства моста. Бетонирование плиты должно было вызвать значительные прогибы главных ферм. По расчету их величина могла составить 8,0 см. Однако, бетонирование захватками позволило снизить эту величину до 6 см. Дело в том, что бетон первой очереди к моменту укладки последних двух захваток успел набрать достаточную прочность, и включился в работу ферм на своих участках. Таким образом, общая потеря строительного подъема от собственного веса ферм и веса бетона составила, округленно, 7 см, а оставшийся подъем к этому моменту равнялся у всех ферм около 8 см. Укладка полимерного износостойкого покрытия и устройств безопасности (рисунок 14) изменили эту величину незначительно.

Рисунок 14 – Полимерное покрытие проезжей части и устройства безопасности

6. Мониторинг и испытание пролетного строения

Контроль за работой пролетного строения проводила лаборатория «Мосты» СГУПСа. Мониторинг выполнялся при всех манипуляциях со всеми фермами, начиная с создания строительного подъема за счет изгиба поясов на монтажном столе, и кончая наблюдениями за пролетным строением в целом. Для этого во многих выбранных элементах ферм – раскосах, поясах, стойках, а позднее и в плите были заложены несколько десятков мерных баз, по деформациям которых можно определить напряжения в элементах. Контролировался также и ход изменения строительного подъема. Предварительно можно отметить, что расчетные значения нигде не были превышены, конструктивный коэффициент отмечался в интервале 0,7 – 0,9.

Испытание моста решено было произвести двумя автосамосвалами *HOWO*, загруженными щебнем до общей массы более 50 тонн каждый (рисунок 15). Расчетная машина Н14 с массой 102,75 т, согласно правилам

Рисунок 15 – Испытание моста

загружения, не имеет права заезжать на полосы безопасности и при ширине проезжей части 4,5 м располагается на мосту строго по его оси. Прогиб ферм при этом почти одинаков и составляет по расчету 44 мм. После обкатки моста одиночной машиной обе они устанавливались в один ряд кузов к кузову сначала около одного барьера, затем у другого. Каждый заезд повторялся, при этом мост выдерживался под нагрузкой и после снятия ее не менее 20 минут. Средний прогиб ферм под такой нагрузкой по расчету мог составить около 30 мм, реальный оказался менее 20мм. На загруженной стороне крайняя ферма показала прогиб 24,5 мм, на противоположной – 9-10мм. Эти показатели соответствуют конструктивному коэффициенту порядка 0,7. Таким образом, пролетное строение имеет запасы грузоподъемности сверх проектных. Все работы по его возведению, начиная с изготовления отдельных элементов, включая разработку и освоение технологии, и кончая испытанием моста, заняли 4 месяца.

7. Выводы

Опыт проектирования и постройки первого автодорожного пролетного строения моста с многораскосными главными фермами из стеклопластика с железобетонной плитой проезжей части, весь отработанный технологический процесс, мониторинг состояния ферм и результаты испытания моста можно признать успешными. Данная конструкция предлагается для широкого применения при строительстве мостов в первую очередь в труднодоступных районах Сибирского Севера.

Список литературы

1. Композиционные материалы в конструкциях мостов. Управляющий директор НТИЦ АпАТэК-Дубна Ю.Г. Кленин,. Сборник статей. http://www.dubna-oez.ru/images/data/gallery/10_3430__YU.G..pdf, 29.07.14.

2. СТО 39790001.03-2007. Дороги автомобильные общего пользования. Пешеходные мосты и путепроводы. Конструкции дорожно-строительные из композитных материалов. Технические требования, методы испытаний и контроля.

3. СНиП 2.05.03-84. Мосты и трубы (проектирование), Москва, 2002.

4. Г.П. Передерий. Курс мостов. Конструкция, проектирование и расчет. Часть первая. Мосты малых пролетов: каменные, деревянные и железные, Москва – Ленинград, 1931

5. Б.В. Пыринов, А.И. Иванов, М.К. Гаврилов. Испытания опытного пролетного строения пешеходного моста из композитных материалов. В сб. «Совершенствование конструктивных решений пешеходных и автодорожных мостов в условиях Сибирского региона». Новосибирск: Наука, 2012, с. 56-63.

6. Б.В. Пыринов. Внедряя композиты. Автомобильные дороги, 2014, №2, с. 105-106.

7. ГОСТ Р 53627-2009. Покрытие полимерное тонкослойное проезжей части мостов. Технические условия. Москва, 2010

А.Н. Иванов, м.н.с. НИЛ «Мосты» СГУПС, Новосибирск

Проектирование гибридного пролетного строения автодорожного моста

Полимерные композиты за относительно небольшой срок их использования в строительной отрасли зарекомендовали себя как надежные материалы способные выдерживать экстремальные нагрузки и воздействия агрессивных сред, о чем свидетельствует постоянно растущий мировой объем их производства и применения. В мостостроении эти материалы так же находят широкое применение, но в основном за рубежом. Широкому внедрению композиционных материалов в отечественное мостостроение препятствует отсутствие соответствующих нормативных документов и малая изученность их свойств.

Одним из первых отечественных нормативных документов, регламентирующих порядок проектирования пролетных строений из полимерных композиционных материалов, является СТО 39790001.03-2007 «Пешеходные мосты и путепроводы …» /1/, разработанный отечественной компанией ООО «НПП «АпАТэК» в 2007 г. Согласно данному документу были запроектированы и построены первые в России пешеходные мосты со стеклопластиковыми пролетными строениями /2/. Анализ конструкций пролетных строений этих мостов показал, что они обладают рядом недостатков, главным образом, обусловленных несоответствием конструктивных форм особенностям стеклопластика. В связи с этим в 2010 г сотрудниками ООО «Сибирские проекты» и НИЛ «Мосты» СГУПСа были начаты работы по изучению свойств конструкционного стеклопластика компании «НПП «АпАТэК» и поиску конструктивного решения пролетного строения, адаптированного к свойствам данного материала. На основании проведенных теоретических исследований группой специалистов ООО «Сибирские проекты» был разработан проект опытного гибридного по материалу пролетного строения под пешеходную нагрузку (рисунок 1). Конструкция с полной длиной

Рисунок 1 – Общий вид опытного пролетного строения

9,075 м представляет собой две многораскосные стеклопластиковые фермы, поверху которых устроена железобетонная плита, включенная с фермами в совместную работу посредством жестких уголковых упоров /3/.

Разработанная конструкция пролетного строения была инновационной, аналогов которой не было найдено ни в России, ни за рубежом. С целью обоснования возможности ее применения в отечественном мостостроении в НИЛ «Мосты» СГУПСа был проведен комплекс теоретических и экспериментальных работ. В ходе этих работ были выполнены испытания пролетного строения на кратковременное и длительное статическое нагружение, исследованы динамические характеристики конструкции в ходе испытаний, а так же определены показатели ползучести стеклопластика. Результаты проведенных исследований опытной конструкции позволили обосновать возможность и целесообразность применения гибридных по материалу пролетных строений в пешеходных и автодорожных мостах.

Первый автодорожный мост с пролетным строением из композиционного материала, обеспечивающий пропуск современных автодорожных нагрузок А14 и Н14, было решено построить на участке автомобильной дороги V категории с. Красный Яр – с. Сосновка в Новосибирском районе Новосибирской области. В связи с этим были начаты работы по проектированию пролетного строения. За основу была принята ранее разработанная опытная конструкция и результаты, накопленные в ходе проведенных исследований. На стадии поиска параметров пролетного строения было установлено и принято следующее. Длину пролетного строения, определенную из условия обеспечения необходимой ширины отверстия моста, назначить равной 18 м, ширину, исходя из габарита дороги (Г-4,5) и пропуска пешеходов, – 7м. Узловые соединения раскосов с поясами и стойками проектировать жесткими с использованием обычных болтов небольшого диаметра (около 12 мм). Раскосы в местах их пересечений соединять друг с другом шарнирно для исключения влияния изгибающих моментов в данных соединениях. Плиту проезжей части выполнять из монолитного железобетона и монтаж ее осуществлять в пролете. В связи с этим на стадии расчетов учитывать стадийность работы пролетного строения. Включение плиты в совместную работу с главными фермами осуществлять с помощью упоров, обеспечивающих упругое включение железобетонной плиты в совместную работу с главными фермами и при этом исключающих отлипание плиты от верхних поясов.

Так как пролетное строение было экспериментальным, процесс его проектирования был разделен на 2 этапа – эскизный и детальный. Эскизные расчеты выполнялись по упрощенным расчетным схемам без учета особенностей свойств композиционного материала и пространственного характера работы конструкции. Для этого сложная конструкция, состоящая из железобетонной плиты и стеклопластиковых ферм, разделялась на конструктивные части (плиты и фермы), для выполнения их расчетов по отдельности. Расчеты плиты на местное воздействие нагрузки осуществлялись по традиционной методике расчета плит железобетонных и сталежелезобетонных пролетных строений /4/. Расчетные усилия и напряжения в элементах главных ферм на стадии работы пролетного строения без участия плиты определялись с использованием принципов расчета деревянных ферм системы Тауна /5/. По данной методике сложная крестовая решетка разделялась на несколько наложенных друг на друга обычных треугольных решеток по числу раскосов, стоящих в одном поперечном сечении и каждая из них рассматривалась по отдельности. На второй стадии совместная работа стеклопластиковых ферм с плитой учитывалась посредством приведенных геометрических характеристик рассматриваемых сечений пролетного строения в соответствии с разделом 9 /6/. Для выполнения эскизных расчетов главных ферм были приняты следующие допущения:

1)   все монтажные соединения шарнирные;

2)   элементы ферм находятся в одноосном напряженном состоянии;

3)   раскосы одной панели несут одинаковую нагрузку;

4)   плита в восприятии поперечных сил не участвует;

5)   нагрузка от транспортного средства распределяется равномерно между главными фермами.

По итогам эскизных расчетов были определены основные параметры проектируемой конструкции и несущих элементов, необходимые для выполнения детальных расчетов. Детальный анализ напряженно-деформированного состояния пролетного строения выполнялся в программно-вычислительном комплексе *MIDAS/Civil*, в котором были созданы пространственные расчетные модели конструкции с учетом стадийного характера ее работы. В моделях элементы ферм задавались линейными конечными элементами, железобетонная плита – объемными, опорный лист - плитными. Геометрические размеры поперечных сечений всех элементов задавались по результатам эскизных расчетов. Так как опорная стойка имела сложное сечение (на две опорные стойки приходится один общий лист), а так же сложный характер работы (соединяет два верхних и два нижних узла), в расчетной модели пролетного строения она задавалась двумя линейными элементами, соединенными по высоте жесткими горизонтальными связями. Оси раскосов пересекались в верхних и нижних узлах фермы не по осям поясов, а ближе к серединам их вертикальных полок, поэтому связь этих узлов фермы с линиями центров тяжести (осями) поясов смоделирована жесткими элементами. Включение плиты в совместную работу с главными фермами осуществлялось в моделях с помощью жестких связей с шагом 99 мм между точками верхних поясов главных ферм и точками нижней плоскости железобетонной плиты, расположенными над осями поясов. Узлы пересечения раскосов задавались шарнирными, все остальные – жесткими. Опирание ферм моделировалось по площадке опорного листа, соответствующей размеру резино-металлической опорной части с помощью связей, соединяющих точки опорного листа, с линией центров тяжести нижнего пояса. Жесткость опирания задавалась во всех направлениях, при этом в вертикальном направлении связи могли работать только на сжатие и выключались при появлении растягивающих усилий. Следует отметить, что в расчетных моделях стеклопластик рассматривался как анизотропный материал, т.е. деформативные характеристики задавались по трем главным осям. Общие виды опорного узла и узла соединения верхнего пояса с железобетонной плитой проезжей части представлены на рисунках 2 и 3 с обозначениями всех основных элементов описанных выше.

При выполнении расчетов постоянные нагрузки прикладывались в моделях в соответствии с их реальным расположением на конструкции. Временная нагрузка располагалась вдоль пролетного строения в самом невыгодном положении, продиктованным поверхностями влияния конкретных элементов. Так как все элементы пролетного строения испытывают сложное напряженное состояние, поверхности влияния строились для внутренних усилий N, Q_z, M_y, M_z каждого линейного элемента, а в объемных элементах отдельно для максимальных значений напряжений в каждой точке, при этом в расчетах рассматривались все возможные комбинации усилий с их максимальными и соответствующими значениями.

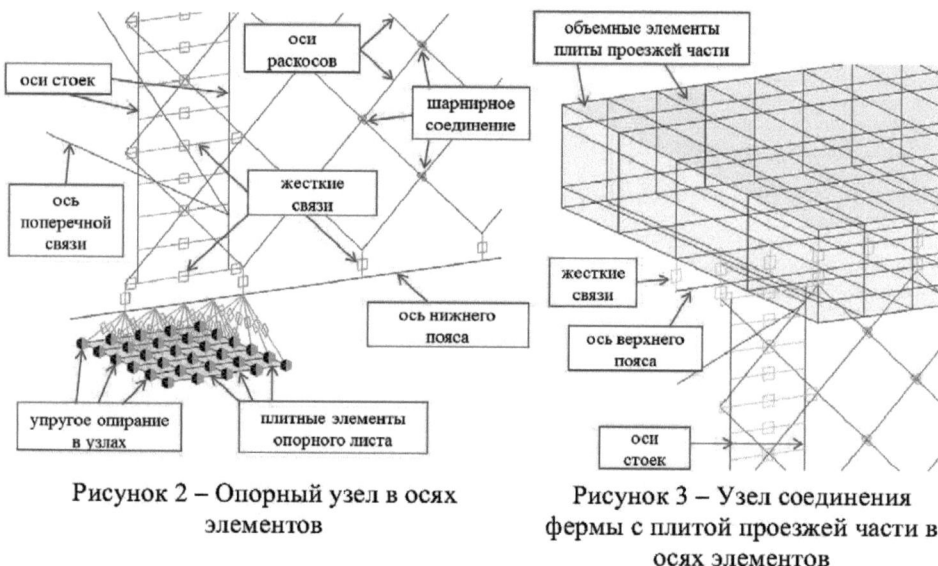

Рисунок 2 – Опорный узел в осях элементов

Рисунок 3 – Узел соединения фермы с плитой проезжей части в осях элементов

Сечения элементов главных ферм пролетного строения подбирались из условий обеспечения прочности по нормальным и касательным напряжениям, сжатые элементы дополнительно рассчитывались по устойчивости. Далее выполнялись расчеты узловых соединений, в ходе которых уточнялись ранее назначенные размеры сечений прикрепляемых элементов. Сводные результаты расчетных напряжений (расчет.) и расчетных сопротивлений материала (предел.) по каждой одноименной группе элементов приведены в таблице 1. В таблице в качестве расчетных значений представлены максимальные значения, возникающие в элементах одноименной группы.

Большие запасы прочности, которые видны по таблице 1, главным образом, связаны с тем, что геометрические размеры сечений большинства элементов, определенны из условия размещения требуемого количества болтов.

Расчеты показали, что на несущую способность соединений большое влияние оказывают изгибающие моменты и поперечные силы, возникающие в прикрепляемых элементах. Эпюры распределения нормальных и касательных напряжений в раскосах ферм, приведенные на рисунках 4 и 5, наглядно это характеризуют. Экстремальные напряжения в раскосах возникают в местах их жесткого прикрепления к поясам и стойкам, в которых так же прослеживается аналогичная картина. При этом касательные напряжения в большинстве элементов близки по величине к расчетному сопротивлению материала на

Таблица 1 – Напряжения в элементах главных ферм

Рассчитываемая группа элементов	Нормальные напряжения по устойчивости ($\sigma_{\text{уст.}}$), МПа		Нормальные напряжения по прочности ($\sigma_{\text{проч.}}$), МПа		Касательные напряжения (τ), МПа	
	расчет.	предел.	расчет.	предел.	расчет.	предел.
Верхний пояс	-49.40	82.2	-54.21	98.8	9.42	10.2
Нижний пояс	-2.43	82.2	79.08	98.8	5.22	10.2
Раскосы	-36.40	82.2	68.78	98.8	8.03	10.2
Концевые стойки	-18.91	82.2	-9.81	98.8	4.25	10.2
Промежуточные стойки	-25.41	82.2	-15.28	98.8	1.92	10.2

а) первая стадия работы конструкции

б) вторая стадия работы конструкции

Рисунок 4 – Эпюры распределения нормальных напряжений в раскосах ферм половины пролетного строения

а) первая стадия работы конструкции

б) вторая стадия работы конструкции

Рисунок 5 – Эпюры распределения касательных напряжений в раскосах ферм половины пролетного строения

скалывание, а нормальные напряжения от изгибающих моментов сопоставимы с напряжениями от продольной силы. Таким образом, в расчетах подобного типа конструкций необходимо учитывать сложное напряженное состояние элементов. Неравномерное распределение усилий и, как следствие, напряжений по длине раскосов обусловлено разной жесткостью соединений (концевые жесткие, средние шарнирные), что вызывает скачки усилий и в других элементах конструкции. Таким образом, в жестких узловых соединениях действует набор всех усилий. Это значительно осложняет проектирование таких соединений на обычных болтах, так как равнодействующая усилий, приходящаяся на болтовое поле, имеет близкие по величине составляющие в продольном и поперечном направлениях при том, что расчетное сопротивление стеклопластика в несколько раз различается по ортогональным направлениям. Расчеты элементов главных ферм показали, что упрощенные модели значительно сокращают время расчета, но не учитывают особенности свойств материала и работы конструкции. Эскизные расчеты по описанной методике дают запасы в величинах продольных сил, но не позволяют выявить узловые изгибающие моменты и поперечные силы, учет которых, как показали детальные расчеты, очень важен.

Сдвигающие усилия по контакту плиты и ферм, приходящиеся на упоры, определялись как разница усилий в плите на участке между предыдущим и последующим поперечным рядом, в соответствии с указаниями п. 9.29 /6/. При этом в эскизных расчетах напряжения в центре тяжести плиты определялись как для плоской балки с равномерной по длине жесткостью, в детальных они принимались непосредственно по расчетной модели. График, отражающий изменение по длине пролета усилий, действующих на наиболее нагруженные упоры, представлен на рисунке 6. Значения усилий, полученные на конечно-элементных моделях пролетного строения, хорошо согласуются со значениями, определенными в ходе эскизных расчетов. Однако следует отметить, что более точная расчетная модель позволила учесть неравномерность распределения жесткости по длине ферм, связанную с наличием промежуточных стоек и изменением шага раскосов.

Реализованный в ходе проектирования конструкции подход с поэтапным разделением работ позволил значительно сократить время разработки проекта.

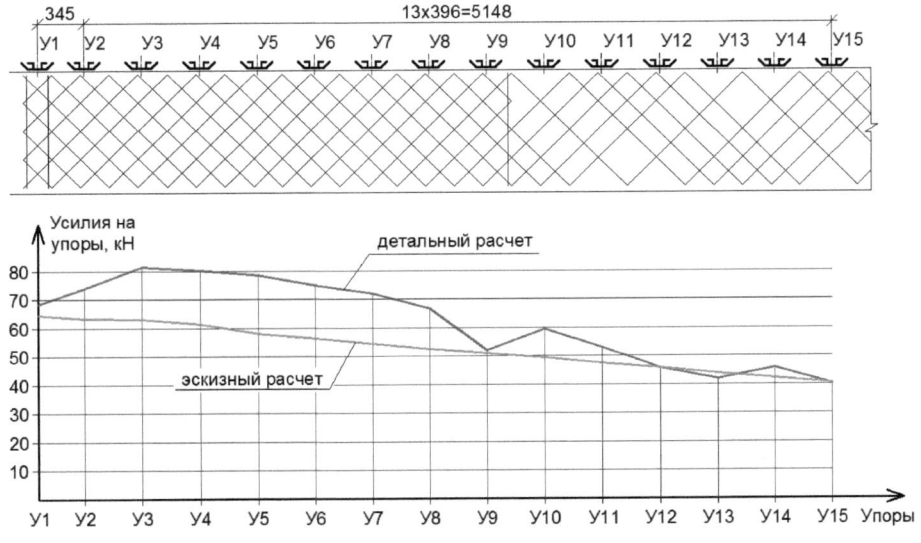

Рисунок 6 – График изменения по длине пролета усилий,
действующих на упоры

Эскизные расчеты, построенные на упрощенных расчетных моделях, с учетом принятых допущений давали возможность быстро и легко выполнять конструктивный поиск с рассмотрением различных вариантов. К моменту разработки детальной конечно-элементной расчетной модели пролетного строения, его основные параметры уже были известны и требовали лишь уточнений. По итогам описанных выше работ в сжатые сроки был разработан проект инновационного пролетного строения, фасад и поперечное сечение которого приведены на рисунках 7 и 8.

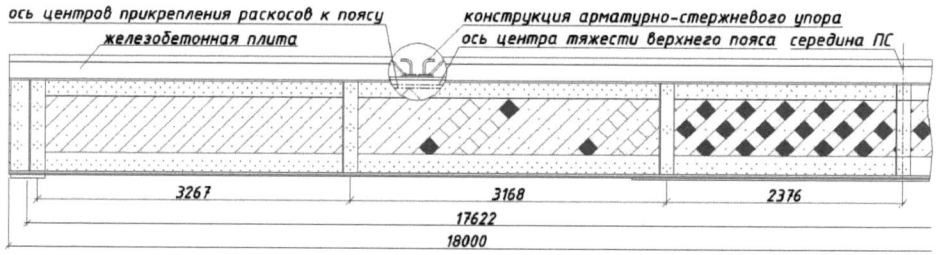

Рисунок 7 – Фасад половины пролетного строения

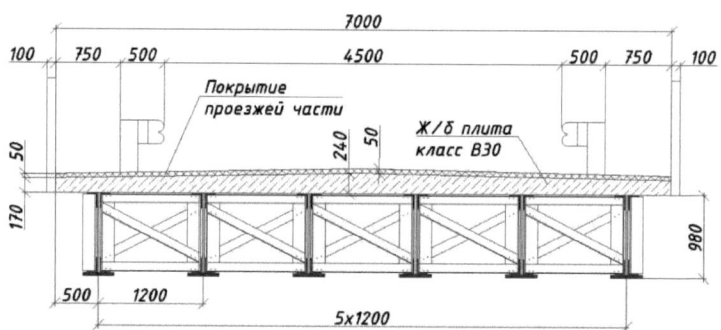

Рисунок 8 – Поперечное сечение пролетного строения

Запроектированное пролетное строение состоит из 6 многораскосных стеклопластиковых ферм, расставленных поперек моста с шагом 1,2 м, и железобетонной плиты, включенной с ними в совместную работу. Полная длина конструкции составляет 18 м, расчетный пролет – 17,62 м. Элементы ферм и связи запроектированы из пултрузионного стеклопластика марки

СППС-240. Пояса и стойки ферм составлены из двух уголков различных сечений. Все раскосы имеют одинаковое прямоугольное сечение. Каждая ферма состоит из двух рядов раскосов, расположенных в смежных плоскостях, при этом раскосы встречных направлений пресекаются друг с другом под прямым углом. Поперечные связи между фермами запроектированы в местах расположения стоек. Узловые соединения раскосов с поясами и стойками предусмотрены на болтах $\varnothing$ 12 мм из стали Ст3, без фасонок. Раскосы в местах их пересечений соединены друг с другом одиночными болтами М20. Плита проезжей части, принятая из бетона класса В30, запроектирована переменной толщины по ширине пролетного строения. Ее толщина по оси моста составляет 24 см, на концах тротуарных свесов – 17 см. При этом нижняя поверхность плиты горизонтальна, а верхняя имеет двускатный поперечный уклон в 20 ‰ для отвода поверхностной воды. Армирование плиты выполнено двумя сетками из стержней класса А300 $\varnothing$ 12 мм с ячейками 100×100 мм. Включение плиты в совместную работу с фермами осуществляется с помощью упоров арматурно-стержневой конструкции.

Разработанная гибридная по материалу конструкция пролетного строения обладает двумя особенностями, главной из которых является железобетонная плита, включенная в работу с главными фермами. Такое конструктивное решение позволило значительно повысить низкую жесткость ферм, обусловленную малым значением модуля упругости стеклопластика (28 ГПа). При этом, располагаясь над композитными фермами, железобетонная плита уменьшает влияние вредного для них ультрафиолетового излучения, а ее значительная толщина улучшает поперечное распределение нагрузки между фермами. Второй особенностью конструкции являются соединения, запроектированные на обычных болтах повышенного класса точности без устройства металлических фасонок. Для выполнения таких соединений была разработана специальная технология монтажа конструкции, при которой болтовые отверстия лишь на 0,1мм превышают диаметр крепежного элемента. Это позволяет обеспечивать проектную жесткость конструкции при монтаже и ее стабильность во время эксплуатации.

Проект гибридного по материалу пролетного строения под современную автодорожную нагрузку получил положительное заключение государственной экспертизы, был утвержден и принят к реализации.

Список литературы

1) СТО 39790001.03-2007. Пешеходные мосты и путепроводы. Конструкции дорожно-строительные из композитных материалов. Технические требования, методы испытаний и контроля. – М.: ООО «НПП «АпАТэК», 2007. – 82 с.

2) Кленин, Ю.Г. Композиционные материалы в конструкциях мостов. [Электронный ресурс] / Ю.Г. Кленин. – М.: НПП «АпАТэК», 2013. – Режим доступа: http://www.dubna-oez.ru/images/data/gallery/10_3430__YU.G..pdf.

3) Пыринов, Б.В. Испытания опытного пролетного строения пешеходного моста из композитных материалов / Б.В. Пыринов, А.Н. Иванов, М.К. Гаврилов // Совершенствование конструктивных решений пешеходных и автодорожных мостов в условиях Сибирского региона: сборник трудов. – Новосибирск: Наука. – 2012. – С. 56–63.

4) Проектирование деревянных и железобетонных мостов / А.А. Петропавловский, Н.Н. Богданов, А.В. Носарев, А.В. Теплицкий; под ред. А.А. Петропавловского. – М.: Транспорт, 1978. – 360 с.

5) Деревянные мосты: монография / Е. О. Патон, П. В. Рабцевич, К.К. Симинский. – Киев: Типография Т-ва И. Н. Кушнерев и К, 1910. – 660 с.

6) СП 35.13330.2011. Мосты и трубы. Актуализированная редакция СНиП 2.05.03-84* // ОАО «ЦНИИС». – М.: ОАО «ЦПП», 2011. – 340с.

Н.А.Козьмин, старший инженер ООО "Опора"

Исследование местных напряжений в элементах опорного узла

Для выявления характера работы болтовых соединений и определения напряженно-деформированного состояния материала раскосов в области действия в них экстремальных усилий, каковой является опорный узел, в программе *Midas Civil* были составлены его подробные конечно-элементные пространственные модели (см. рис. 1), соответствующие двум стадиям работы конструкции:

Первая стадия - стеклопластиковые фермы воспринимают собственный вес и вес железобетонной плиты;

Вторая стадия - стеклопластиковые фермы, работая совместно с железобетонной плитой, воспринимают собственный вес мостового полотна и временную нагрузку.

а) первая стадия　　　　　　　б) вторая стадия

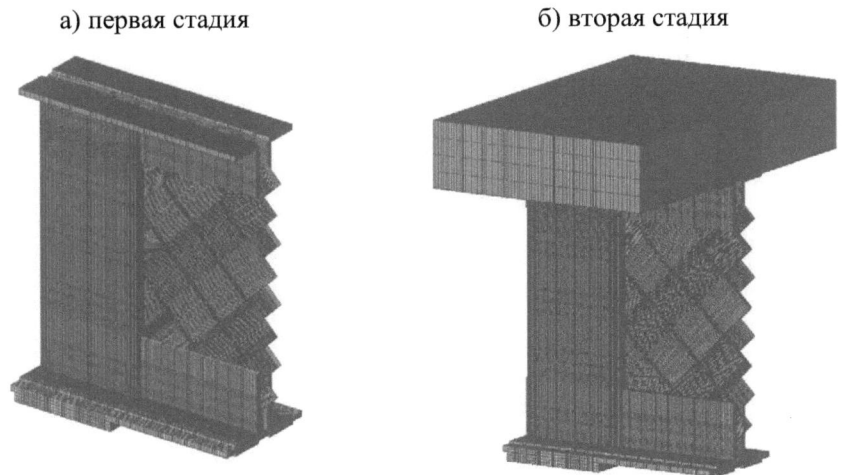

Рис. 1. Конечно-элементные модели опорного узла

Эти модели включили в себя плоские конечные элементы, которыми моделировались стеклопластиковые пояса, раскосы и стойки главных ферм,

объемные элементы железобетонной плиты проезжей части и стального опорного листа, а также стержневые элементы, соответствующие болтам. Расчет велся в предположении упругой работы всех материалов и анизотропной работы стеклопластика.

Взаимодействие болтов с материалом стеклопластика моделировалось нелинейными двухузловыми элементами типа "односторонняя связь", работающими только на сжатие, что позволяет реализовывать "отлипание" болта от пластика. На рис. 2 показан фрагмент модели, соответствующий болтовому соединению в узле шести листовых элементов главной фермы - двух уголков нижнего пояса, двух опорных стоек, одного восходящего и одного нисходящего раскоса. Стержневые конечные элементы, соответствующие болтам, проходят через узлы, соответствующие центрам тяжести болтовых отверстий, и радиально объединяются односторонними связями (показаны красным цветом) с узлами, находящимися по периметру болтовых отверстий.

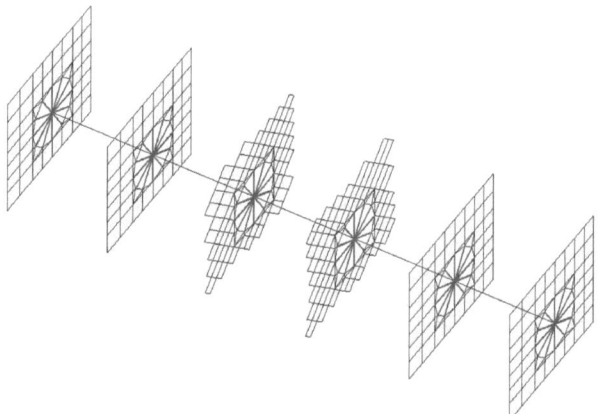

Рис. 2. Моделирование болтового соединения

При моделировании были заданы следующие граничные условия:

а) шарнирно-неподвижное закрепление нижних узлов опорного листа по площадке контакта с резинометаллической опорной частью;

б) закрепление узлов конечных элементов болтов от смещения из плоскости главной фермы и поворота вокруг собственной оси.

Для расчета были заданы внутренние усилия, действующие в опорной зоне в элементах главных ферм (продольные и поперечные силы, изгибающие моменты), и напряжения в железобетонной плите. Все эти воздействия на опорный узел были получены из предварительного расчета пространственной стержневой конечно-элементной модели пролетного строения и соответствовали максимальной опорной реакции при расположении одиночной тяжелой нагрузки Н14 над опорным сечением. Они были приложены к опорному узлу как внешняя нагрузка - нормальное или касательное давление, распределенное по сечению элемента соответствующим образом.

Обозначения элементов главной фермы и положительные направления действия в них внутренних сил (продольная сила N, поперечная сила Q, изгибающий момент M) показаны на рис. 3, а значения этих внутренних сил, а также нормальных напряжений σ в плите проезжей части даны в таблице 1.

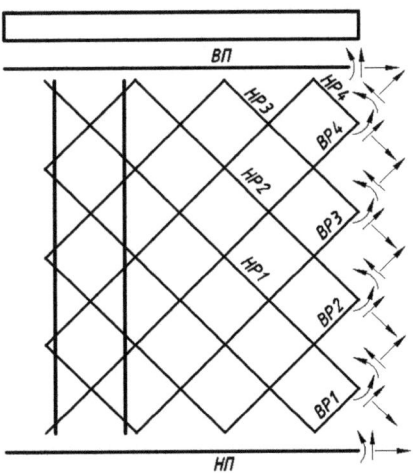

Рис. 3. Обозначения элементов главной фермы и усилия в них

Таблица 1 - Расчетные воздействия, заданные к расчету - усилия в элементах опорного узла и напряжения в элементах железобетонной плиты

Элемент	Нагрузки	N, кН	Q, кН	M, кНм
ВП	1 стадия, постоянные	-42,70	-3,94	0,14
	2 стадия, постоянные	-0,62	-1,60	0,06
	2 стадия, Н14	-2,22	-12,29	0,52
НП	1 стадия, постоянные	42,23	-6,19	0,39
	2 стадия, постоянные	11,48	-1,30	-0,01
	2 стадия, Н14	92,10	-9,56	0,09
ВР1	1 стадия, постоянные	-10,05	1,41	0,00
	2 стадия, постоянные	-2,22	0,24	0,00
	2 стадия, Н14	-16,51	1,50	0,00
ВР2	1 стадия, постоянные	-11,33	0,00	0,00
	2 стадия, постоянные	-2,74	0,00	0,00
	2 стадия, Н14	-20,80	0,00	0,00
ВР3	1 стадия, постоянные	-11,67	0,00	0,00
	2 стадия, постоянные	-2,91	0,00	0,00
	2 стадия, Н14	-22,38	0,00	0,00
ВР4	1 стадия, постоянные	-11,24	0,00	0,00
	2 стадия, постоянные	-2,86	0,00	0,00
	2 стадия, Н14	-22,25	0,00	0,00
НР1	1 стадия, постоянные	9,53	0,00	0,00
	2 стадия, постоянные	2,15	0,00	0,00
	2 стадия, Н14	15,66	0,00	0,00
НР2	1 стадия, постоянные	9,89	0,00	0,00
	2 стадия, постоянные	1,99	0,00	0,00
	2 стадия, Н14	14,20	0,00	0,00
НР3	1 стадия, постоянные	9,75	0,00	0,00
	2 стадия, постоянные	1,89	0,00	0,00
	2 стадия, Н14	13,18	0,00	0,00
НР4	1 стадия, постоянные	7,93	1,30	0,00
	2 стадия, постоянные	1,99	0,37	0,00
	2 стадия, Н14	13,67	2,70	0,00
Плита проезжей части	σ, МПа			
	2 стадия, постоянные	-0,04...-0,05		
	2 стадия, Н14	0,83..-1,53		

Получение расчетных напряжений из модели составило некоторые трудности, вызванные, во-первых, стадийностью работы конструкции, и, во-вторых, неравномерностью их распределения по ширине сечения, обусловленной во многом концентраторами напряжений вблизи болтовых отверстий. Так как при построении геометрии модели очертание болтового отверстия вынужденно аппроксимировалось многоугольником, то дополнительным источником концентрации напряжений явились его углы (см. рис. 4). Поэтому доверительные значения наибольших напряжений около болтовых отверстий принимались на расстоянии в 3-5 конечных элементов от этих концентраторов.

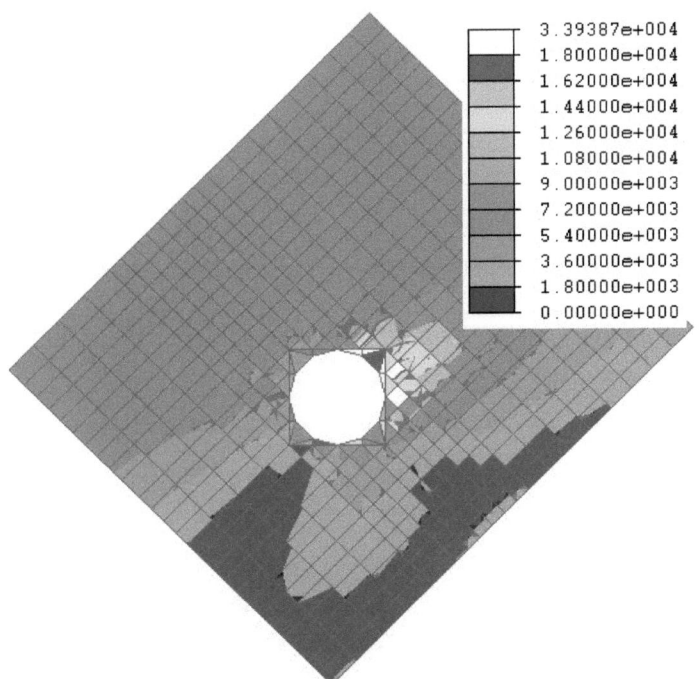

Рис. 4. Концентратор эквивалентных напряжений возле болтового отверстия в восходящем раскосе (значения на шкале - в кПа)

В таблице 2 приведены характерные напряжения около болтов в раскосах, сопоставлявшиеся с расчетным сопротивлением стеклопластика, равным плюс 98,8 и минус 82,2 МПа, соответственно, для растягивающих и сжимающих нормальных напряжений. Как видно из таблицы, реально выявленные напряжения значительно меньше этих предельных величин.

Таблица 2 - Характерные напряжения в раскосах, МПа

Напряжение	Восходящие раскосы			Нисходящие раскосы		
	1 стадия	2 стадия	Суммарно	1 стадия	2 стадия	Суммарно
Нормальное, продольное	-10,0..-12,0	-17,3..-21,0	-27,3..-33,0	-9,3..-12,0	-22,0..-27,0	-31,3..-39,0
Нормальное, поперечное	13,9..19,4	3,7..6,0	17,6..25,4	-2,3..-3,0	-9,3..-12,0	-11,6..-15,0
Главное растягивающее	2,0..2,5	8,0..9,0	10,0..11,5	7,0..8,0	21,3..24,0	28,3..32,0
Главное сжимающее	-11,7..-13,3	-20,0..-23,3	-31,7..-36,6	-8,0..-9,0	-24,0..-27,0	-32,0..-36,0
Эквивалентное (по критерию Мизеса)	12,0..13,5	27,0..30,0	39,0..43,5	7,2..8,1	25,2..28,0	32,4..36,1

Расчет показал, что величины искомых напряжений находятся в пределах допускаемых значений, обеспечивая значительный запас по прочности. Представляет интерес тот факт, что для нисходящих раскосов, несмотря на действие в них растягивающих продольных усилий явились экстремальными продольные нормальные напряжения отрицательного знака (см. рис. 5), возникающие как следствие смятия стеклопластика болтами, объединяющими между собой раскосы, поясные уголки и опорные стойки главной фермы.

По итогам расчета сделаны следующие выводы:

1) Подробное пространственное моделирование опорного узла выявило значения регламентируемых расчетных напряжений заметно меньшие, чем показал предварительный расчет с моделированием главных ферм стержневыми конечными элементами; это дает основания проектировать фермы данного типа с неплотным расположением параллельно расположенных раскосов в приопорных зонах;

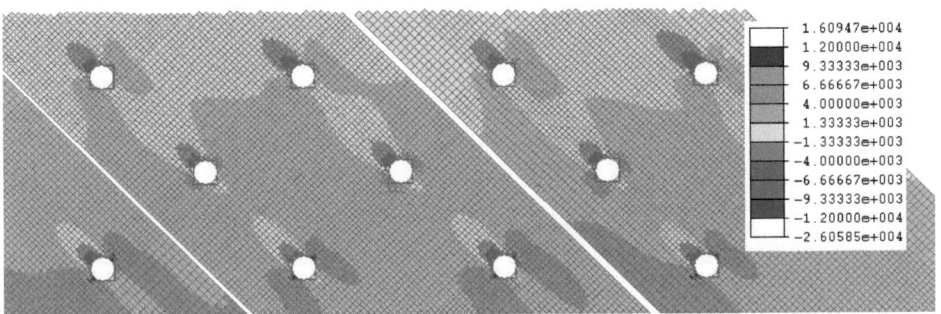

Рис. 5. Фрагмент картины распределения величин продольных нормальных напряжений в нисходящих раскосах от нагрузок первой стадии (значения на шкале - в кПа)

2) Наличие многочисленных болтовых соединений дало достаточно нетривиальную картину распределения нормальных напряжений по длине и ширине раскосов - так, в ряде раскосов в области сопряжения с нижним и верхним поясом был обнаружен весьма заметный изгиб;

3) Наиболее опасным для материала раскосов является их смятие возле болтовых отверстий, которому соответствуют большие абсолютные напряжения, нежели нормальные напряжения обоих знаков в материале раскосов за пределами этих отверстий.

44

А.Н. Иванов, м.н.с. НИЛ «Мосты» СГУПС, Новосибирск

Испытание автодорожного моста с пролетным строением из полимерного композиционного материала

В июле 2014 г. были закончены все работы по строительству первого в России автодорожного моста с пролетным строением из полимерных композиционных материалов. Для ввода мостового перехода с инновационной конструкцией пролетного строения в эксплуатацию потребовалось проведение испытаний. В соответствии с «Программой …» /1/, разработанной на основании договора между НИЛ «Мосты» СГУПС и ООО «Сибирские проекты», испытанию было подвергнуто гибридное по материалу пролетное строение. Цель работ – исследование реальной работы конструкции и определение степени ее соответствия расчетным предпосылкам, заложенным в проект. Пролетное строение полной длинной 18 м, расчетным пролетом 17,62 м и шириной 7 м в поперечном сечении состоит из шести многораскосных стеклопластиковых ферм. Поверху фермы объединены железобетонной плитой, включенной с ними в совместную работу посредством упоров арматурно-стержневой конструкции. Пролетное строение с габаритом проезда 4,5 м и двумя служебными проходами по 0,75 м запроектировано в соответствии с требованиями СП /2/ и СТО /3/ под временные нагрузки по ГОСТ Р 52748-2007 /4/ – одна полоса автомобильной нагрузки А14 и одиночная тяжелая нагрузка Н14. Схема пролетного строения представлена на рисунке 1.

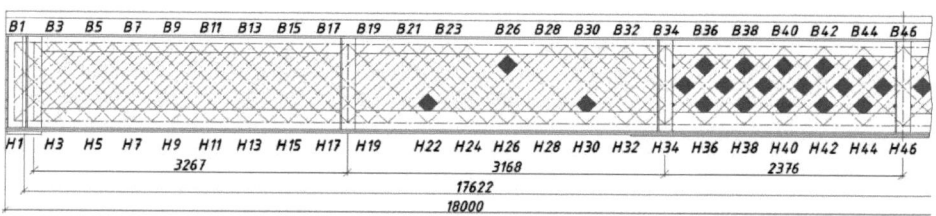

Рисунок 1 – Фасад половины пролетного строения

Программой испытаний /1/ было предусмотрено выполнение статических и динамических испытаний конструкции.

1.   Статические испытания пролетного строения

В качестве испытательной нагрузки были использованы 2 груженых 4-хосных автомобиля-самосвала марки HOWO весом 51 тс и 55 тс соответственно. Перед испытанием пролетного строения выполнялась его обкатка одним самосвалом с контролем напряжений в элементах пролетного строения и общих вертикальных деформаций. При статических испытаниях на пролетное строение устанавливались 2 самосвала в одну колонну, при этом выполнялось по две их перестановки в поперечном направлении (в крайнем левом положении на проезжей части и в крайнем правом положении). Схемы фактического расположения нагрузки на конструкции при испытаниях представлены на рисунках 2 и 3. Фотографии, иллюстрирующие фактическое положение автомобилей на мосту при статических испытаниях, приведены на рисунке 4.

При статических испытаниях напряжения определяли с помощью деформометров на базе индикаторов часового типа с ценой деления 0,001 мм и тензометров ТДМ (свидетельство об утверждении типа средств измерения Федерального агентства по техническому регулированию и метрологии RU.C.28.007.А   № 31740/1) системы «Тензор МС» (свидетельство об утверждении типа средств измерения Федерального агентства по техническому регулированию и метрологии RU.C.34.007.А   № 32603/1), прогибы фиксировали с помощью нивелира *Sokkia B20* по рейкам с миллиметровыми делениями. Для контроля напряжений были приняты следующие элементы пролетного строения:

- нижний пояс в панели Н44-Н46 (в середине пролета);

- опорные стойки Н2-В2;

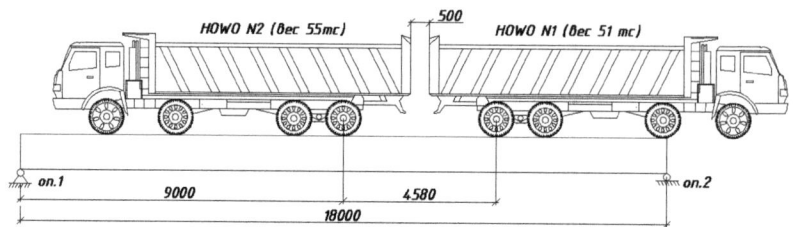

Рисунок 2 – Расположение испытательной нагрузки
в продольном направлении

схема 1а – по левой стороне   схема 1б – по правой стороне

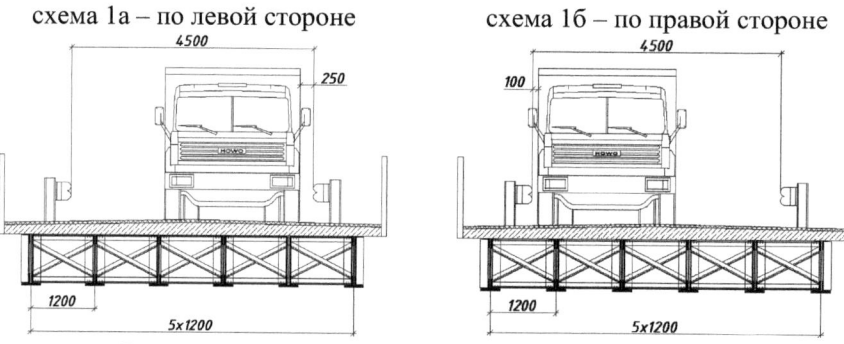

Рисунок 3 – Расположение испытательной нагрузки
в поперечном направлении

схема 1а – по левой стороне   схема 1б – по правой стороне

Рисунок 4 – Расположение нагрузки на мосту при проведении
статических испытаний

- раскосы восходящие – Н2-В6;

- раскосы нисходящие – В2-Н6;

- плита в панели В43 – В45 (в середине пролета).

Схемы расположения приборов на контролируемых элементах по длине пролетного строения представлены на рисунке 5, в поперечных сечениях – на рисунке 6. Условные обозначения измерительных приборов, указанных на рисунках 5 и 6 поснены в таблице 1. Примеры оборудования контролируемых элементов приборами приведены на рисунке 7.

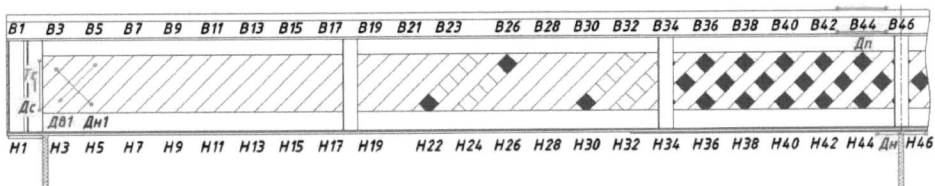

Рисунок 5 – Схема расстановки приборов по длине пролетного строения

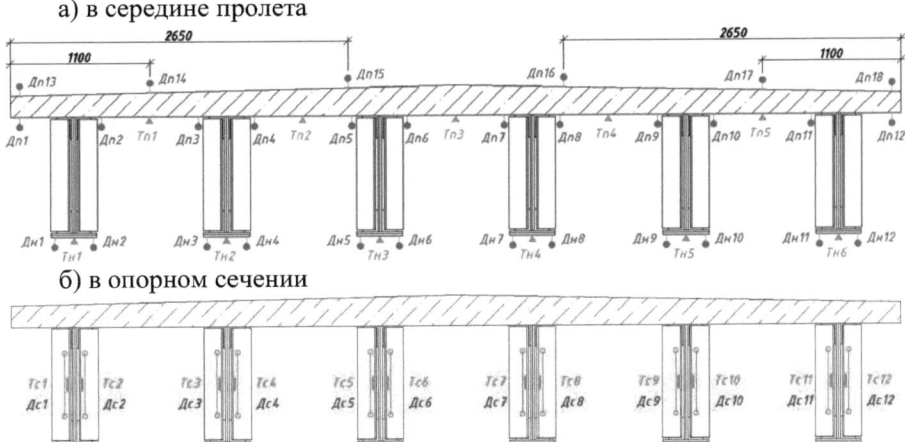

Рисунок 6 – Схема расстановки приборов в поперечных сечениях пролетного строения

Таблица 1 – Условные обозначения на схемах расстановки приборов

Условное обозначение	Пояснения
	деформометры
	тензодатчики
	нивелирные рейки

а) на нижних поясах ферм

б) на опорных стойках

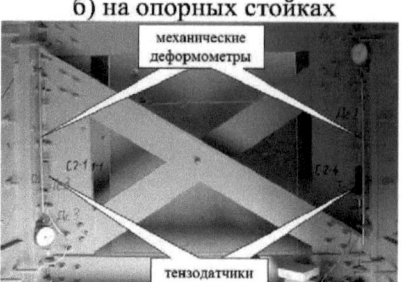

Рисунок 7 – Измерительные приборы

Теоретические значения контролируемых параметров (напряжений и прогибов) при статических испытаниях определялись с учетом фактического расположения нагрузки на проезжей части. Для этого в программно-вычислительном комплексе *Midas Civil.* была создана пространственная расчетная модель пролетного строения по аналогии с моделями, разработанными при проектировании конструкции.

По результатам статических испытаний определены фактические значения напряжений контролируемых элементов и прогибов ферм, а так же с учетом результатов расчета на конечно-элементных моделях вычислены значения конструктивных коэффициентов по формуле:

$$K_k = S_e / S_{cal},\qquad(1)$$

где S_e – напряжения (прогибы), измеренные под воздействием испытательной нагрузки, S_{cal} – расчетные напряжения (прогибы) от испытательной нагрузки.

Осредненные значения конструктивных коэффициентов по всем фермам и приборам в контрольном сечении нижнего пояса составили 0,87. По верхним фибрам плиты в середине пролетного строения они составили 0,96, при этом по нижним фибрам в данном сечении осредненные значения конструктивных коэффициентов – 0,34. Значительное отклонение фактических значений напряжений от расчетных по нижним фибрам плиты объясняется тем, что в расчетной модели упоры, вовлекающие плиту в совместную работу с фермами, заданы жесткими элементами. Фактически же упоры в конструкции работают упруго. Принимая во внимание близость расположения нейтральной оси к нижним фибрам, незначительные ее смещения сильно отражаются здесь на относительных изменениях напряжений. В целом по сечению в середине пролета можно отметить хорошую работу конструкции и согласованность фактических результатов с расчетными данными, о чем свидетельствуют графики распределения напряжений по ширине пролетного строения (рисунки 8 и 9).

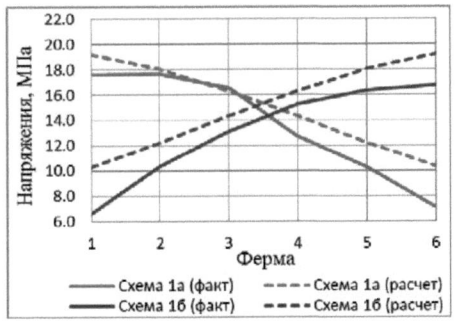

Рисунок 8 – Графики распределения напряжений по нижним поясам ферм

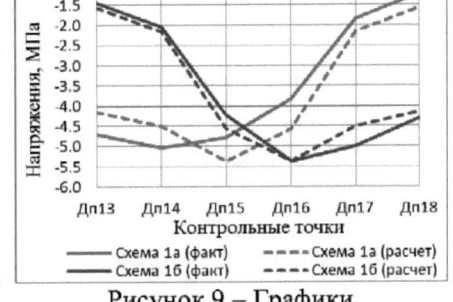

Рисунок 9 – Графики распределения напряжений по верхним фибрам плиты

На опорном участке удовлетворительно работают стойки. Фактические напряжения согласуются с расчетными, о чем свидетельствует осредненный по стойкам конструктивный коэффициент в размере 0,69, графики распределения напряжений по ширине пролетного строения при разных схемах нагружения практически симметричны (рисунок 10). Наименьшая сходимость фактических напряжений с расчетными среди всех контролируемых элементов наблюдается в раскосах. Это связано с тем, что на приопорных участках раскосы встречных направлений образуют фактически двойную стенку, в то время как в расчетной модели конструкции раскосы на этих участках заданы линейными конечными элементами. Реальная работа стенки в такой конструкции очень сложна и требует дальнейших как натурных, так и теоретических исследований.

Интегральным показателем работы всей конструкции являются прогибы. Максимальные измеренные прогибы по осям ферм при всех схемах загружения не превысили расчетных значений (рисунок 11). Диапазон изменения значений конструктивных коэффициентов для разных схем нагружения – 0,51...0,85. Осредненный по фермам конструктивный коэффициент – 0,64. Максимальные значения остаточных деформаций пролетного строения составили 3 мм после обкатки и 4 мм после испытаний. При этом максимальная величина показателя работы конструкции, определяемая как осредненное по всем фермам отношение остаточных деформаций к прогибам под нагрузкой, составила 0,19 , что свидетельствует об удовлетворительной работе пролетного строения.

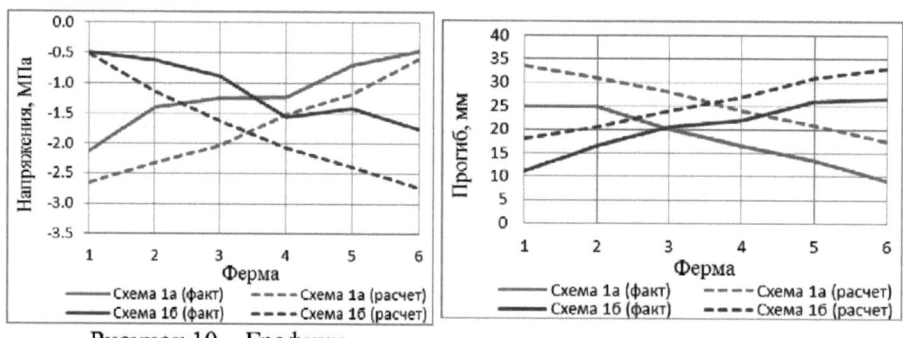

Рисунок 10 – Графики распределения напряжений по опорным стойкам

Рисунок 11 – Графики распределения прогибов по фермам

2. Динамические испытания пролетного строения

Для определения частот (периодов) собственных колебаний пролетного строения использовался метод «малых» воздействий – конструкция выводилась из состояния покоя в результате прыжка 1 человека в различных точках по длине и ширине пролетного строения. При этом возбуждались колебания по форме, требующей минимальной энергии в направлении воздействия вынуждающей силы. Колебания пролетного строения фиксировались с помощью вибродатчиков-акселерометров автоматизированного измерительного комплекса «Тензор МС». Для выявления изменений жесткости конструкции по длине датчики, фиксирующие вертикальные колебания, были дополнительно расположены в середине и четвертях пролета. По полученным виброграммам вычислены частоты низших форм колебаний, значения которых представлены в таблице 1.

Таблица 1 – Частоты (периоды) собственных колебаний ПС, Гц (сек)

	Направление колебаний		
	вертикальные	поперечные	продольные
До испытаний	5,76 (0,17)	5,76 (0,17)	5,76 (0,17)
	4,79 (0,21)	4,79 (0,21)	2,34 (0,43)
После испытаний	5,66 (0,18)	5,66 (0,18)	5,66 (0,18)
	4,69 (0,21)	4,79 (0,21)	2,15 (0,47)

По результатам измерения частот собственных колебаний пролетного строения можно отметить следующее. Конструкция в разных точках по длине пролета колеблется в одной фазе, с одинаковыми частотами и интенсивностью. Таким образом, изменения жесткости пролетного строения по длине в ходе анализа динамических характеристик не выявлено. Частоты (периоды) собственных колебаний конструкции до и после испытаний практически не изменились, что свидетельствует о ее стабильной жесткости. В целом, на основании полученных результатов можно сделать вывод об удовлетворительной динамической работе пролетного строения.

Для определения величины динамического воздействия создаваемого подвижной нагрузкой по мосту осуществлялся проезд груженых автосамосвалов испытательной нагрузки со скоростью 20...30 км/час. Динамическое воздействие при проезде каждого автомобиля оценивалось по показаниям тензометров располагавшихся на нижнем поясе ферм в середине пролета. Характерный график приведен на рисунке 12. Анализ полученных результатов позволил оценить величину динамического коэффициента. В среднем по шести фермам при проезде одного автомобиля динамический коэффициент составил $(1+\mu) = 1,11$. Согласно указаниям СП /2/ для тяжелой подвижной нагрузки, пропускаемой по мосту в одиночном порядке, динамический коэффициент составляет 1,0 для любого типа мостовых сооружений, в то время как коэффициент надежности для этой нагрузки следует принимать равным 1,1. Однако в реальности тяжелая нагрузка не может не создавать дополнительного (динамического) воздействия при движении (см. рис. 12), а ее вес перед проездом обязательно должен быть уточнен. На основании этого, а так же принимая во внимание требования к величинам аналогичных коэффициентов по СНиП /5/ можно предположить, что в СП /2/ значения были перепутаны и величина динамического коэффициента составляет 1,1. В таком случае фактическое значение динамического коэффициента для испытанного пролетного строения хорошо согласуется с регламентируемым.

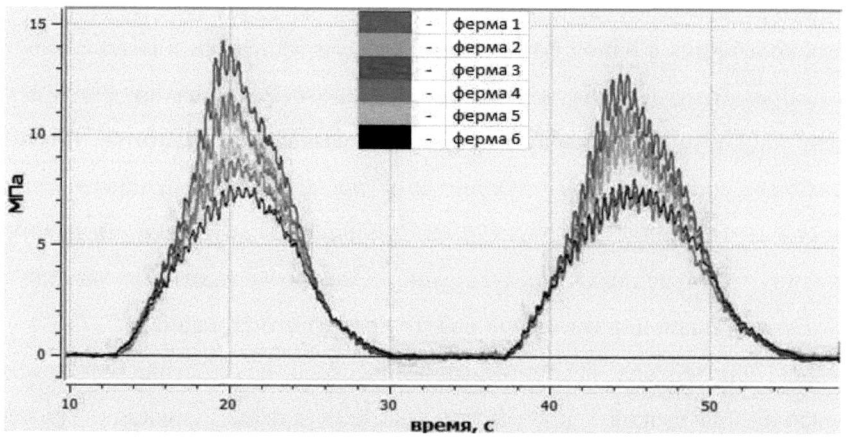

Рисунок 12 – Изменение напряжений в нижнем поясе ферм в середине пролета при проезде по мосту груженых автомобилей HOWO

3. Выводы

Предсдаточные статические и динамические испытания пролетного строения показали удовлетворительное соответствие фактической работы конструкции расчетной схеме, заложенной при проектировании. Однако выявлены некоторые отклонения от теоретического характера работы. Главным образом, это касается приопорной зоны, где раскосы ферм расположены практически вплотную и оказывают взаимное влияние друг на друга. Такое влияние в расчетах можно учесть только посредством детального моделирования этого узла плитными или объемными конечными элементами. По остальным же контролируемым параметрам отмечена вполне удовлетворительная сходимость фактических данных с расчетными. В целом результаты показали, что конструкции имеет запасы и требует дальнейшей оптимизации с целью более рационального использования дорогостоящего стеклопластика.

Список литературы

1) Программа диагностического обследования и испытаний автодорожного моста через р. Пашенка на участке автомобильной дороги «Красный Яр - Сосновка» в Новосибирском районе НСО / СГУПС - Новосибирск, 2014. - 12 с.

2) СП 35.13330.2011 Мосты и трубы. Актуализированная редакция СНиП 2.05.03-84*. / ОАО «ЦНИИС». Утвержден 28.12.2010г. Минрегионом России. М.: ОАО ЦПП, 2011. – 340 с.

3) СТО 39790001.03-2007. Пешеходные мосты и путепроводы. Конструкции дорожно-строительные из композитных материалов. Технические требования, методы испытаний и контроля. – М.: ООО «НПП «АпАТэК», 2007. – 82 с.

4) ГОСТ Р 52748-2007. Дороги автомобильные общего пользования. Нормативные нагрузки, расчетные схемы нагружения и габариты приближения. М., 2008. – 9 с.

5) СНиП 2.05.03-84*. Мосты и трубы. – М.: Госстрой СССР, 1996. – 274 с.

Printed by Books on Demand GmbH, Norderstedt / Germany